RÉPUBLIQUE FRANÇAISE

MINISTÈRE DU COMMERCE DE L'INDUSTRIE
DES POSTES ET DES TÉLÉGRAPHES

Exposition Franco-Britannique de Londres 1908

Groupe VII — Classe 39

RAPPORT

Matériel et les Procédés de la Viticulture

PAR M. BALLOU

IMPRIMERIE CH. SCHENCK
24, RUE DES ALPES, 24

RÉPUBLIQUE FRANÇAISE

MINISTÈRE DU COMMERCE, DE L'INDUSTRIE
DES POSTES & TÉLÉGRAPHES

Exposition Franco-Britannique de Londres 1908

Groupe VII. — Classe 36

RAPPORT

SUR LE

Matériel et les Procédés de la Viticulture

PAR

Gaston BARBOU

SECRÉTAIRE-TRÉSORIER DES CONSTRUCTEURS DE MACHINES AGRICOLES FRANÇAISES
SECRÉTAIRE RAPPORTEUR DU JURY DE LA CLASSE 36

PARIS

IMPRIMERIE CH. SCHENCK
24, Rue des Écoles, 24

1909

EXPOSITION FRANCO-BRITANNIQUE
DE LONDRES 1908

RAPPORT DU JURY

Groupe VII. — Classe 36

Matériel et Procédés de la Viticulture

M. le sénateur VIGER
*Président du Comité Agricole
et Horticole Français
des Expositions Internationales*

M. RUAU
Ministre de l'Agriculture

M. le sénateur DUPONT
*Président du Comité Français
des Expositions à l'Étranger*

M. E. SIMONETON
Président du Jury de la Classe 36

M. PÉCARD-MABILLE
Vice-Président du Jury de la Classe 36

M. G. BARBOU
*Secrétaire-Rapporteur du Jury
de la Classe 36*

LES CONSTRUCTEURS

DE

MATÉRIEL VITICOLE ET VINICOLE

A L'EXPOSITION DE LONDRES 1908

Lorsque à la faveur de l'Entente Cordiale, ce mariage de raison auquel on ne saurait trop applaudir, l'idée d'une contribution des Constructeurs de matériel viticole et vinicole à l'Exposition Franco-Britannique prit naissance, elle ne suscita pas un enthousiasme excessif. Et cela, pour la plus simple des raisons : nos Collègues n'entrevoyaient pas, en effet, pour leurs produits, de suffisants débouchés sur le marché anglais.

Il était assez naturel qu'ils se demandassent si les gros efforts que nécessite toujours une exhibition de grande envergure n'allaient point être accomplis en pure perte. Évidemment l'attrait des récompenses qui viennent illustrer le blason des industriels a bien son importance, mais celles-ci ne répondraient pas assez aux sacrifices nécessités si elles ne se trouvaient pas précédées ou suivies de bienfaits matériels plus appréciables encore.

Le Royaume-Uni n'a rien de viticole ; les quelques treilles ou vergers disséminés sur son riche territoire sont notoirement insuffisants pour justifier ce titre, et cela même expliquait et justifiait nos préoccupations.

« Qu'allions-nous faire en Angleterre? » fut la question primordiale que nous nous posâmes. Contribuer à l'éclat de la section française était fort bien ; mais, toutefois, il n'apparaît pas que le but des Expositions, que l'objectif à atteindre par les Exposants dût être nécessairement et exclusivement platonique ; nos hésitations de principe s'expliquaient et se justifiaient d'elles-mêmes.

Par contre, deux éléments moraux tout à fait dignes de retenir l'attention des représentants de notre industrie entrèrent en ligne de compte : ce fut d'abord le principe de solidarité qui doit unir tous les Français lorsqu'il s'agit de représenter avec honneur leur patrie à l'Etranger.

Ce fut ensuite le grand acte de courtoisie qui s'imposait vis-à-vis du Pays Ami qui nous tendait si loyalement la main.

Ces deux considérations de tout premier ordre furent alors mises en relief, de la façon saisissante qui lui est propre, par le très dévoué Président du Comité Agricole et Horticole français des Expositions internationales, M. le Sénateur Viger, dont la chaude éloquence s'employa irrésistiblement en faveur de notre participation.

M. Viger traduisait d'ailleurs ainsi, avec son propre sentiment, celui de deux éminentes personnalités pour lesquelles nous avons tous une estime particulière : j'ai nommé M. Ruau, Ministre de l'Agriculture, et M. le Sénateur Dupont, Président du Comité français des Expositions à l'Etranger.

Ainsi qu'il s'est souvent plu à le rappeler lui-même, avec sa bonne grâce coutumière, lorsqu'il nous fit l'honneur de venir s'asseoir au milieu de nous, M. Ruau figure au premier rang de nos meilleurs amis ; il n'a jamais négligé les occasions de défendre nos intérêts qui ont pu lui être offertes, et il n'est point de haute personnalité politique et gouvernementale qui ait acquis des droits plus sûrs à notre gratitude.

Il convient aussi d'exprimer à M. Dupont notre reconnaissance très sincère. Le très distingué Président du Comité des Expositions françaises à l'Etranger a facilité notre tâche de toute sa bienveillance éclairée, de tout son zèle. Nous le prions de trouver ici nos plus vifs remerciements.

Avec le concours de ces hauts appuis, M. Viger sut donc avoir raison de nos derniers scrupules, et nous suivîmes l'impulsion donnée.

D'autre part, il semblait juste de considérer que, si le marché anglais proprement dit dut être fort restreint, il en allait différemment pour les régions tributaires, pour les vastes colonies de l'Empire Britannique. Celles-ci sont parfaitement susceptibles d'offrir un véritable intérêt pour les articles viti-vinicoles de notre fabrication, l'Australie et la Colonie du Cap, pour ne citer que celles-là, peuvent largement employer et emploient déjà un important matériel cultural et œnologique, parmi lequel nos articles peuvent et doivent occuper une place d'honneur. Effectivement, si une trop grande tolérance a permis l'envahissement de notre sol lui-même par les machines exotiques, d'essence assez grossière lorsqu'on les compare sérieusement aux nôtres, par contre nous avons conservé aux yeux de l'Etranger qui tient à la perfection, l'enviable réputation en vertu de laquelle les instruments français font et continueront de faire prime sur tous les marchés du monde. Il y avait donc, de ce côté, un résultat pratique à entrevoir et à espérer.

Pour toutes ces raisons, nous cédâmes aux instances du Comité français, et, somme toute, nous ne pouvons maintenant, d'une façon générale, que nous féliciter de notre décision.

Il est en effet advenu ce qui arrive la plupart du temps dans de semblables cas : des succès imprévus, et d'autant plus agréables, ont répondu à nos avances. A l'heure actuelle, plusieurs maisons françaises ont eu la bonne fortune de pénétrer dans des régions fort intéressantes, qu'elles n'avaient pu aborder jusqu'ici, et il y a tout lieu de croire qu'une heureuse suite d'affaires en résultera. Pour la provoquer, et pour l'entretenir, quelques-uns d'entre nous ont pris l'initiative d'un premier groupement qui sera sans doute suivi. Les Maisons Barbou, Besnard-Maris et Antoine et Dujardin ont créé un bureau d'échantillons avec représentant commun, pour maintenir leur triple spécialité en permanence sur la place de Londres. Chacun sait que la consommation des vins en cercles s'accroît sensiblement en Angleterre; le besoin d'appareils œnologiques et de matériel de cave correspondant à cette augmentation ouvrira de nouveaux débouchés à cette branche de notre industrie.

L'Exposition Franco-Britannique n'aura donc pas été vainement suivie par nous ; indépendamment des fruits qu'elle a immédiatement portés, elle aura certainement une très longue répercussion sur la marche générale des affaires. Ne fût-ce qu'à ce titre — et nous venons de voir qu'il y en avait d'autres — il était bon que la classe 36 participât à cette importante manifestation internationale.

LE JURY

Dans une réunion tenue le mardi 15 Septembre, au Cecil Hôtel de Londres, le Jury des diverses classes a été constitué. Pour notre Groupe, il fut d'abord question de ne constituer qu'un Jury qui serait commun aux Classes 35 (Machines Agricoles), 36 et 37. Mais le délai relativement court fixé pour les opérations fit abandonner cette idée. Trois Jurés furent donc spécialement délégués à la Classe 36 : MM. Simoneton, Pécard-Mabille et Barbou.

✿✿

Le Groupe Agricole, comprenant les Classes 35, 36 et 37, occupait une vaste galerie rectangulaire au premier étage, dans la partie droite de l'Exposition. Les Stands, uniformément et sobrement décorés, présentaient un ensemble du plus heureux effet : ils étaient dignes d'une meilleure fortune..... car, en ce qui touche les visiteurs, les optimistes prévisions que nous pûmes concevoir en arrivant à Londres, ne se réalisèrent pas.

Nous comptions avoir une des principales Entrées de l'Exposition — ce qui nous avait été promis — à une extrémité de la galerie où nous figurions ; mais il arriva malheureusement que, par suite de modifications infiniment regrettables pour nous, l'Entrée « principale » annoncée s'affirma on ne peut plus secondaire ; elle ne nous fournit même pas, en fin de compte, le dixième des visiteurs espérés. Ce fut en vain que notre excellent Président, M. Viger, multiplia les démarches pour obtenir une situation plus favorable ; nous dûmes demeurer, pendant six longs mois, assez mélancoliquement confinés dans notre « Splendide isolement ».

RAPPORT DU JURY

MEMBRES DU JURY

Maison SIMONETON

43, Rue d'Alsace, à Paris

Président du Jury

Ce fut en 1850 que M. Antoine SIMONETON fonda la Manufacture de Tissus à filtrer sur laquelle ses deux fils, Emmanuel et Emile SIMONETON, greffèrent la construction des Filtres industriels, qui ont fait la réputation universelle des Etablissements SIMONETON.

M. Emmanuel SIMONETON, qui reste, depuis 1897, seul directeur-propriétaire de cette importante Maison, a considérablement étendu l'initiale usine, devenue très moderne, du Raincy. Celle-ci occupe actuellement une superficie de plus de deux hectares, et plus de 150 ouvriers y sont employés. Les matières premières y parviennent à l'état brut et n'en sortent que sous la forme de tissus et de filtres prêts pour l'utilisation.

Le principe de filtrage, dans les appareils SIMONETON, réside dans l'interposition d'un tissu retenant, d'un côté toutes les particules solides d'un mélange, et laissant couler, d'autre part, le liquide complètement purifié et ayant obtenu tout le « clair-brillant » désirable.

Les Filtres SIMONETON, qui se recommandent par leur grande simplicité et leur robustesse extrême, conviennent au filtrage de tous les produits, notamment :

Les vins, lies, huiles végétales et animales, graisses, etc... ;

Les jus et liquides des sucreries, raffineries, distilleries, brasseries, etc... ;

Les eaux industrielles, produits chimiques et pharmaceutiques de toute nature, les extraits de viande, extraits tanniques, colorants, alcools, éthers, etc....

Chaque nature de produits à filtrer présente de très variables difficultés

de clarification et la Maison Simoneton, qui a prévu chaque cas particulier, peut faire face à toutes les demandes.

Les Filtres pour les vins, les lies, les alcools et les liqueurs sont ceux
qui nous intéressent ici, et ils sont ainsi divisés :

1° Les *Filtres à Plateaux*, qui ont été construits à plus de
3,000 types, conviennent pour la filtration de tous les vins, et plus spécialement de ceux chargés de lies, les marcs de soutirage ; ils rendent,
d'une part, un liquide parfaitement clair ; ils restituent, de l'autre côté,
la matière solide tout à fait asséchée, sous forme de tourteau.

Fig. 1. — Filtre à plateaux de 70 chambres, sur chariot, avec boule de sortie
à deux robinets

2º Les *Filtres Fortior* à manches doubles et concentriques, supportent de fortes pressions tout en conservant leur parfaite étanchéité.

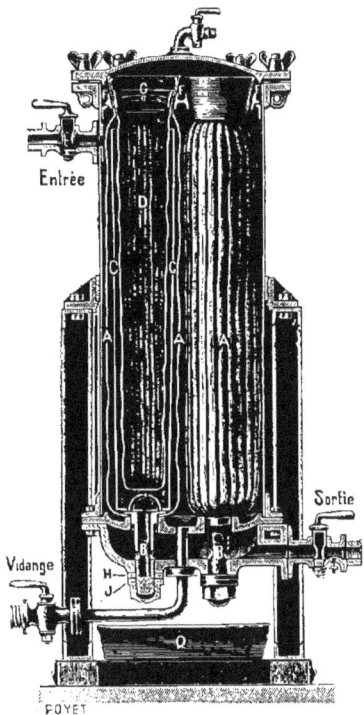

Fig. 2. — Vue en coupe du Filtre Fortior.

Fig. 4. — Filtre Fortior.

Fig. 3. — Vue en dessus du Filtre Fortior.

3° Les *Filtres Universels* à disques et à serrage facultatif. Leur construction particulière et leur mode de réglage rationnel de la matière filtrante permettent d'obtenir un brillant absolu, sans l'addition de quelque produit que ce soit.

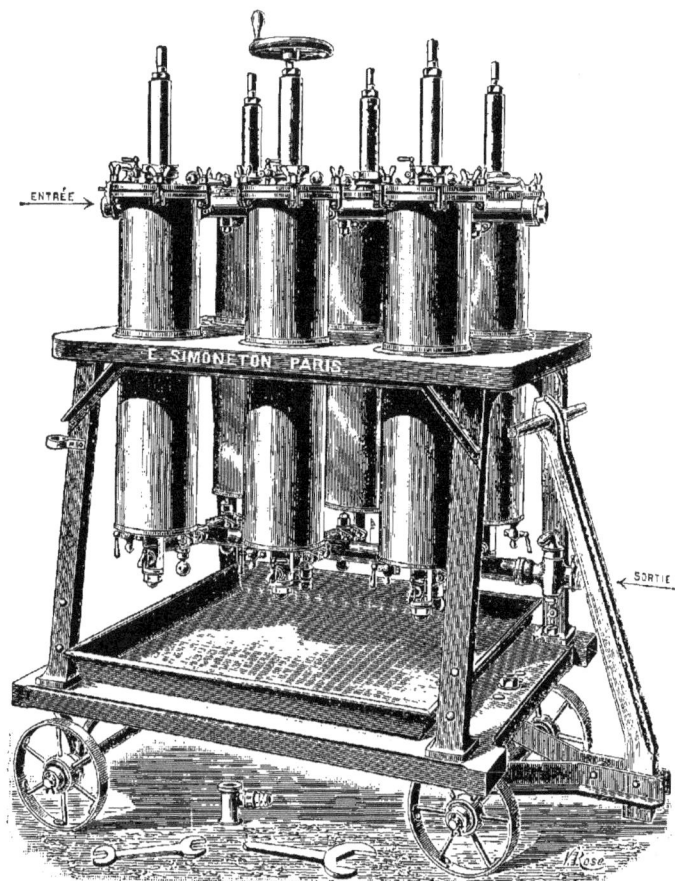

Fig. 5. — Filtre Simoneton L'Universel en batterie de 6 éléments sur chariot.

Les *Filtres Universels* ont réalisé un important progrès, et ils sont d'une pratique courante dans de nombreux chais ; leur travail est irréprochable et leur rendement considérable. Ils sont, en quelque sorte, classiques.

En résumé, M. SIMONETON construit la série complète des filtres nécessaires. La grande vulgarisation de cette marque notoire a très largement contribué à répandre partout la bonne pratique du filtrage qu'on ne discute plus maintenant. Il était tout à fait désirable que ce perfectionnement œnologique se produisît dans toutes les caves : si c'est un fait accompli maintenant c'est en grande partie aux Filtres SIMONETON qu'on le doit.

C'est, en effet, le privilège singulièrement appréciable des industriels de faire progresser, pour le bien de tous, la science dont leur spécialité est issue ; en servant leur intérêt particulier, ils collaborent effectivement et efficacement à l'intérêt général.

S'ils ont bien contribué, pour leur part, aux progrès de l'Industrie vinicole, les Etablissements SIMONETON ont été l'objet de très nombreuses récompenses, et les consécrations officielles les plus flatteuses ne leur ont pas été ménagées. Depuis 1878 plus de Cent Diplômes ou Médailles ont attesté leur vitalité et leurs succès.

Grands Prix, Médailles d'Or, classements Hors Concours, Membre du Jury ne se comptent plus pour notre très actif Collègue, dont on n'a pas oublié le dévouement zélé lors de l'Exposition Universelle de 1900. La Classe 36 dut certainement la meilleure part de son succès à son Secrétaire-Trésorier, qui ne marchanda ni son temps, ni ses forces, pour donner une exceptionnelle ampleur à cette manifestation grandiose. On ne saurait lui en demeurer trop reconnaissants.

M. SIMONETON fut aussi l'un des organisateurs avisés du « Chai-Modèle », qui recueillit tant de suffrages et intéressa si fort le grand Public en 1900.

Vice-Président du Jury supérieur à Lille, *Vice-Président* du Jury supérieur à Reims, *Vice-Président* des Groupes 105 et 106 à Saint-Louis. *Membre du Jury* à Milan, *Secrétaire* du Comité d'organisation des Exposants Français et Etrangers à Saragosse, *Président du Jury* de la Classe 36 à Londres, M. SIMONETON est titulaire de plusieurs décorations étrangères, il est aussi *Chevalier de la Légion d'Honneur* et *Officier du Mérite Agricole*.

Maison MABILLE Frères

PÉCARD-MABILLE, Successeur

à Amboise (Indre-et-Loire)

Vice-Président du Jury

Il n'est point de Maison, dans la construction vinicole, qui ait porté plus haut et plus loin le renom de notre industrie française que la Maison MABILLE Frères.

Il s'agit là d'une si évidente vérité que dans les plus lointaines contrées le nom de MABILLE est devenu synonyme de *Pressoir*.

A l'heure actuelle, plus de 104,000 instruments sont sortis des célèbres Ateliers d'Amboise et ont victorieusement démontré que le Pressoir à levier universel MABILLE, inventé par ces Constructeurs, est unanimement reconnu de toutes parts comme le plus simple, le plus puissant, le plus pratique et le plus sûr. Sa puissance et sa simplicité lui ont conféré partout le droit de cité. La Maison MABILLE Frères est, au surplus, la plus ancienne et la plus importante du monde, en ce qui touche la construction des Presses et des Pressoirs à vin.

⁂

L'universelle faveur a consacré ses travaux, et elle peut s'enorgueillir des récompenses sans nombre qui émaillent ses annales et parmi lesquelles nous ne rappellerons que les toutes dernières obtenues aux grandes Expositions internationales :

Paris 1900	**Grand Prix**
Saint-Louis 1904	**Hors Concours, Membre du Jury**
Liège	**Grand Prix**
Milan	**Grand Prix**

Tous les chefs de cette maison ont, par suite, bénéficié des distinctions les plus enviées ; tous, successivement, ont reçu la croix de la Légion d'honneur, y compris son directeur actuel, M. PÉCARD-MABILLE, qui a été fait Chevalier le 16 Mars 1908. Nombreuses aussi sont les décorations du Mérite Agricole et les ordres Etrangers qui sont venus ajouter leur éclat au blason des MABILLE.

Depuis la création du mécanisme nouveau, qui, breveté en 1869 sous le nom d'Appareils Universels MABILLE, révolutionna le monde viticole, cette Maison n'a pas cessé de perfectionner sa construction. Ce furent la création de la maie circulaire en tôle d'acier emboutie ; puis l'amélioration de l'*Universel*, l'apparition des Presses continues MABILLE, le perfectionnement des Fouloirs-égrappoirs, des Pressoirs hydrauliques à quatre colonnes, l'application du Pressoir Universel au moteur commandé par une bielle dynamométrique, toute la série des Broyeurs de pommes et des Presses à huiles, les Pompes de compression, les Grues à vendange, etc., etc..., sans compter les Manèges à chevaux, très répandus dans tous les vignobles. Le Canon paragrêle à acétylène de MM. MABILLE Frères est également conçu de la plus ingénieuse manière. Les Établissements d'Amboise construisent aussi des Débourbeurs de moûts qui rendent d'incontestables services, ainsi que leur nouvelle Presse continue à deux vis d'Archimède avec disque rotatif.

La Maison MABILLE vient de créer un nouveau système très favorablement accueilli : le Pressoir universel perfectionné, à double pression et à claie circulaire descendante.

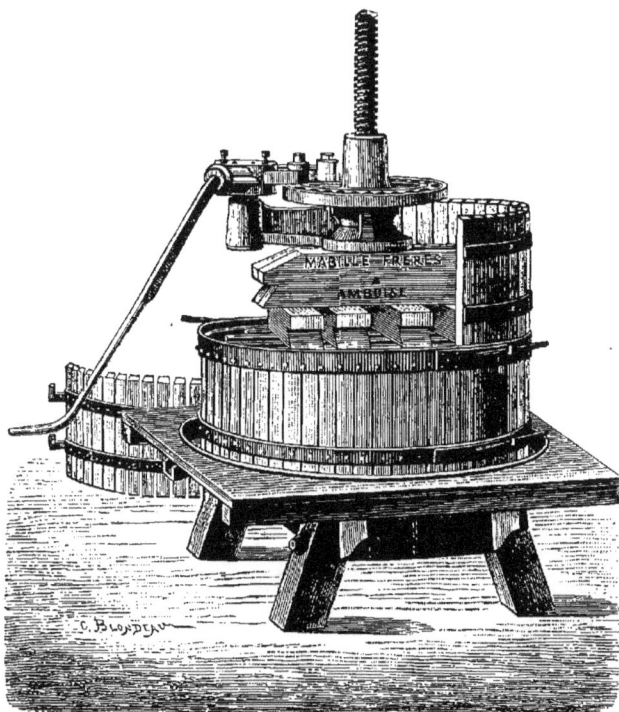

Fig. 8. — Pressoir Universel perfectionné avec maie ronde en tôle d'acier emboutie.

Le Pressoir est composé d'un bâti sur pieds, supportant la vis, pouvant être placé sur n'importe quelle maie en bois, en pierre ou en béton, ou tout autre récipient destiné à recevoir les jus. Sur ce bâti est fixé un fond formant drainage et d'un même diamètre que l'intérieur de la claie. La claie circulaire, au lieu d'être placée sur la maie, comme dans les pressoirs ordinaires, est maintenue au niveau inférieur de ce fond au moyen de supports articulés. On décharge la vendange dans la claie, puis on fait tourner les supports articulés, et la claie circulaire se trouve alors maintenue par la vendange elle-même ; on serre ensuite comme dans les pressoirs ordinaires.

Au fur et à mesure que le marc se trouve pressé, la claie descend progressivement aussi vite que le plateau supérieur. Le fond agit donc à la façon d'un fond de charge. Le frottement du marc contre la claie est ainsi supprimé. La claie se trouve nettoyée automatiquement des grains qui l'obstruent et le débit et l'extraction se trouvent de beaucoup augmentés, cependant que l'effort à produire demeure le même.

La *Presse continue* a pour but d'opérer, en une seule opération, l'assèchement complet, soit de la vendange fraîche foulée ou non, soit de la vendange foulée, égrappée et égouttée, soit du marc cuvé.

Son mécanisme se compose d'un fouloir, au-dessous duquel tourne

Fig. 7. — Presse continue avec disque rotatif.

horizontalement une vis d'Archimède, renfermée dans un cylindre en laiton perforé (tube-filtre). Le tube-filtre, plus long que la vis d'Archimède, est obturé à son extrémité par une porte articulée, maintenue par un levier à contrepoids mobiles ; la partie comprise entre la dernière spire de la vis et la porte constitue la *Chambre de compression*.

La vendange tombe du fouloir dans les spires de la vis qui l'entraîne vers la chambre de compression, dans laquelle elle s'assèche et s'entasse au point de former un aggloméré dit *tampon*, qui, sous la poussée des apports de la vis, sans cesse renouvelés, arrive à soulever la porte pour s'évacuer d'une façon continue. Le tampon une fois fermé, la porte conserve sa position horizontale ; on varie à volonté le degré d'assèchement du marc en faisant frein, plus ou moins énergiquement, au moyen de la porte, et cela, par le déplacement des contrepoids.

Les jus sont recueillis dans une trémie, divisée en deux compartiments par une cloison inclinable. Dans la fabrication des vins blancs avec les raisins rouges, on peut recueillir séparément les jus blancs et les jus colorés.

L'entraînement en rotation du marc avec la vis d'Archimède est évité d'une façon absolue par l'application du *Disque rotatif Mabille*. Le Disque rotatif, placé à l'entrée du tube-filtre, est une étoile en acier, dont les branches s'engrènent sur la vis d'Archimède, comme un engrenage sur une vis sans fin ; la présence constante des branches du disque en travers des spires de la vis, empêche la vendange de tourner avec celle-ci ; la vendange maintenue dans son périmètre par les parois du cylindre perforé, et poussés énergiquement dans le sens latéral par la vis d'Archimède, avance, en se pressurant d'une façon progressive, jusqu'à la chambre de compression dans laquelle s'achève son assèchement complet.

Les jus, exempts de pépins, peaux et matières mucilagineuses, passent ensuite par le Débourbeur, qui les débarrasse des matières solides qui ont été entraînées avec eux au travers du cylindre perforé.

***

Les nouveaux Broyeurs de pommes *Universels* ont été créés récemment pour obvier à tous les inconvénients qui existent dans les broyeurs à lames, par suite du barbotage du cylindre dans une cage, dont la vérification rapide des organes était impossible.

Le dispositif très ingénieux de cet appareil a permis à la Maison MABILLE de le répandre dans toutes les contrées cidricoles ; les nombreuses expériences qui ont été faites de toutes parts ont enfin permis un perfectionnement tel que ces nouveaux Broyeurs ne laissent rien à désirer. Ce nouveau *Broyeur de pommes* possède les avantages suivants : suppression du barbotage du cylindre dans la cage, suppression des flasques, accès facile de toutes les pièces, articulation de tous les organes autour d'un seul axe permettant un nettoyage rapide et complet ; suppression du débourreur, réglage du débit à volonté, réglage instantané de la finesse du broyage ; il procure enfin un broyage parfait.

Fig. 8. — Broyeurs de Pommes L'Universel.

Les Etablissements MABILLE étaient donc fort dignement représentés à l'Exposition de Londres, où leur participation ne pouvait qu'accroître leur renommée.

Maison BARBOU Fils

52, Rue Montmartre, à Paris

Membre du Jury — Secrétaire Rapporteur du Jury de la Classe : 6

La Maison BARBOU, qui figure au nombre de celles qui ont obtenu des résultats intéressants à Londres, occupait un des Stands les plus importants de la Section Française.

Cette Maison a, du reste, tenu à honneur de prendre part à toutes les Expositions Françaises et Étrangères qui se sont succédé depuis 1830, date de son établissement.

On sait que son Fondateur, M. BARBOU grand-père, fut le créateur et le fondateur de l'Industrie du Porte-Bouteilles en fer, qui a fait un si beau chemin dans le monde.

L'histoire de cette Maison est d'ailleurs intimement liée, depuis plus de trois quarts de siècle, à l'histoire du commerce des Vins et à celle des grands perfectionnements qui se sont introduits dans l'outillage des chais, dans l'installation des caves de toutes importances.

Si l'art de soigner et de présenter les Vins semble avoir atteint son summum au cours de ces dernières années, il aura été précédé dans cette voie ascendante par les très heureuses améliorations du matériel nécessaire. L'outillage de nos Celliers modernes réalise le problème de la plus étonnante précision jointe à la simplification idéale.

L'antique Maison BARBOU figure au premier rang de celles qui ont ainsi enrichi notre arsenal vinaire, pour le plus grand profit de la viticulture française.

Cette Maison présentait à l'Exposition de Londres les nombreux articles de cave de sa fabrication qui lui ont valu une renommée universelle dans cette spécialité. Parmi les divers modèles de Porte-Bouteilles, il y a lieu de signaler un Porte-Bouteilles entièrement construit en tôle d'acier, et destiné à contenir simultanément des bouteilles debout ou couchées. Les panneaux de garniture, ainsi que les portes de fermeture, sont entièrement découpés dans des plaques de tôle de 8 millimètres d'épaisseur, y compris les motifs gracieux de grappes de raisins et de feuillage ornant chaque porte.

Parmi les Machines à rincer, emplir, boucher et capsuler les bouteilles, il y a lieu de signaler une série de Machines à remplir, de fonctionnement tout à fait nouveau.

Voici d'abord la simple Tireuse, destinée au particulier qui désire mettre rapidement son vin en bouteilles, sans fatigue et sans surveillance. Composée uniquement d'une calotte en métal dans laquelle se trouvent un simple tube d'arrivée de liquide muni d'un flotteur, et une seconde calotte formant siphon, elle peut être adaptée à n'importe quel robinet en bois ou en métal.

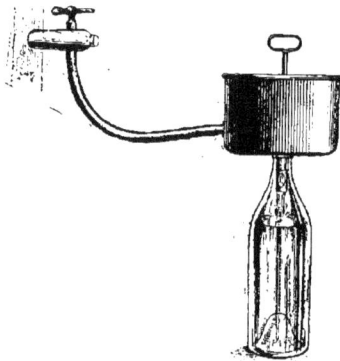
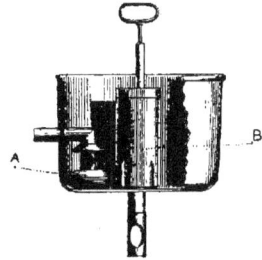

Fig. 9.   Fig. 10.

Les bouteilles se remplissent automatiquement, quel que soit leur format, la Tireuse s'arrêtant d'elle-même dès que le liquide est arrivé à la hauteur voulue, ne laissant que la place nécessaire au bouchon.

Voici ensuite une Tireuse plus importante : *L'Auto-Tireuse*, donnant un débit de 1,000 à 1,200 litres à l'heure. Cette machine se compose d'un réservoir relié au récipient contenant le liquide à tirer par un tuyau de caoutchouc avec raccords. A la partie inférieure du réservoir se trouve une série de tubulures, reliées par des tuyaux de caoutchouc à la rampe supportant les becs de tirage. Le réservoir est guidé par un bâti en fonte. Il est pourvu, à sa partie supérieure, d'une bielle percée de trous servant à régler instantanément le niveau. Les becs de tirage sont montés sur des supports mobiles, permettant de les régler en une seconde, suivant l'écartement des bouteilles. Les bouteilles sont ainsi remplies rapidement, sans les sortir des paniers où elles se trouvent.

Fig. 11. — Remplissage dans un Panier.

Voici enfin une *Tireuse Electrique* à grand débit, donnant, suivant les formats des bouteilles, de 2 à 3,000 litres à l'heure.

Fig. 12.

Elle se compose d'un bâti en fonte supportant un collecteur muni d'autant de robinets qu'il y a de becs de tirage. L'ouverture de ces robinets se fait d'un seul coup, par la simple manœuvre d'un levier. Des petits leviers maintiennent ouverts ces robinets, jusqu'à ce qu'un déclanchement électrique provoque leur fermeture. Chaque bec de remplissage est relié à la machine par deux tuyaux flexibles, l'un servant à l'écoulement du liquide, l'autre à la conduite pneumatique relié au bec de remplissage par un tube régulateur du niveau dans la bouteille, et établissant le courant dans un électro-aimant. Cet appareil se compose d'un tube en cristal en forme d'U, contenant de l'eau acidulée, et de deux électrodes en platine. Lorsque le liquide à soutirer atteint, dans la bouteille, l'extrémité du petit tube, la compression de l'air déplace l'eau acidulée qui se trouve dans le tube en cristal, établissant le courant dans l'électro-aimant et la fermeture instantanée des robinets.

Les bouteilles sont remplies dans les paniers où elles se trouvent ; les becs de remplissage sont fixés sur une monture mobile permettant de les écarter à volonté et instantanément.

La Maison Barbou, dont le siège est, depuis bientôt 80 ans, 52, rue Montmartre, à Paris, vient d'installer à Levallois-Perret une nouvelle Usine modèle, où sont fabriqués ou produits tous les articles nécessaires pour le travail des vins, cidres, etc..., et toutes les fournitures possibles de celliers et de caves.

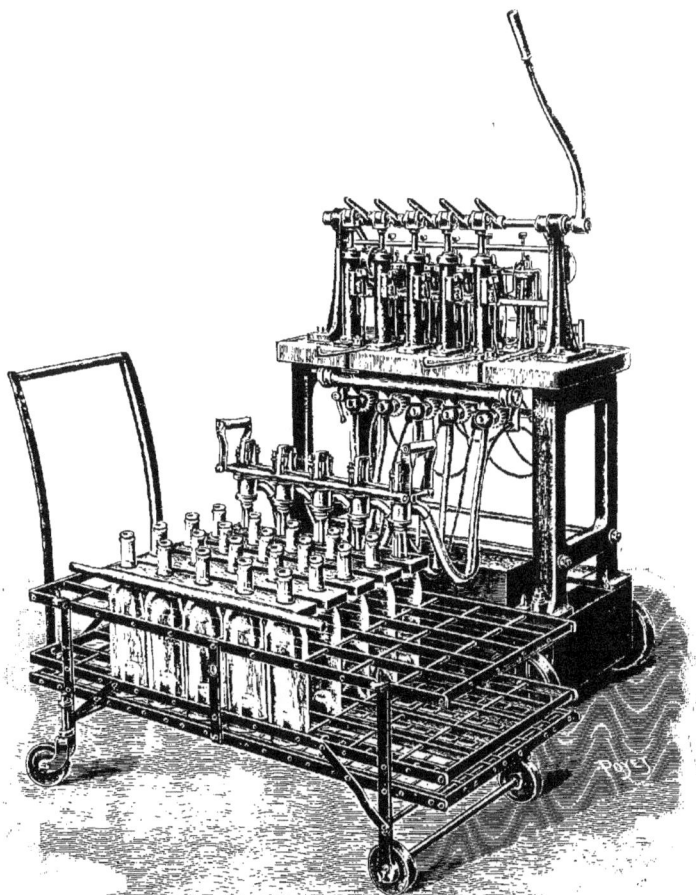

Fig. 13. — Tireuse Electrique

Grands Prix

M~AISON~ VERMOREL

Matériel Agricole et Vinicole, à Villefranche (Rhône)

Les vastes Etablissements de Villefranche, auxquels est annexée une Station Viticole modèle qui n'a pas d'égale dans le monde, ont porté le nom de M. VERMOREL au summum de la notoriété commerciale et viticole.

Le fameux Pulvérisateur, auquel l'actuel Sénateur du Rhône doit son étonnante fortune, est dans toutes les mains, dans tous les pays ; l'ingéniosité de son mécanisme, jointe à son extrême simplicité, a, dès son aurore, forcé le succès, qui ne l'a plus quitté.

Les plus hautes récompenses, les distinctions les plus flatteuses ont comblé l'heureux propriétaire de cette marque célèbre. Rappelons simplement ses derniers succès :

Paris 1900........	**Deux Grands Prix**
Saint-Louis 1904...	**Grand Prix**
Liège 1905........	—
Milan 1906........	**Hors Concours, Membre du Jury**

Président du Comité Agricole du Beaujolais, Lauréat de la Prime d'honneur, Vice-Président du Conseil Général et Sénateur du Rhône, etc., etc., M. Victor VERMOREL, titulaire de nombreuses décorations étrangères, est aussi *Commandeur du Mérite Agricole* et *Officier de la Légion d'Honneur*. Il est aussi, à plusieurs titres, un des plus actifs bienfaiteurs de la viticulture française.

La Maison VERMOREL a présenté à l'Exposition Universelle de Londres les appareils suivants :

Pulvérisateurs à dos *Eclair*, Soufreuses à dos *Torpille*, Pulvérisateurs à main, Pompes *Cascade* et *Major*, avec tous les accessoires permettant d'utiliser ces divers appareils aux traitements les plus variés des différentes sortes de plantes et arbres que l'on cultive, au badigeonnage et à la désinfection des étables, écuries, locaux divers, usines, etc...

Nous allons donner quelques détails sur ces appareils :

Le Pulvérisateur *Eclair* (fig. 14), répandu par centaines de mille dans les vignobles du monde entier pour le traitement des maladies de la vigne et des arbres fruitiers, etc., en un mot dans tous les cas où il est utile de projeter un liquide quelconque, acide ou non, sous forme de brouillard fin ou de jet puissant. Il se compose d'un récipient elliptique, contenant 15 litres, disposé pour s'appliquer exactement sur le dos de l'ouvrier, au moyen de bretelles. A l'intérieur du réservoir est une pompe à diaphragme très simple que l'on manœuvre d'une main à l'aide d'un levier extérieur, tandis que l'autre main tient la lance reliée à l'appareil par un tube de caoutchouc. Cette lance est munie d'un jet laissant sortir le liquide sous forme de brouillard absolument impalpable. On peut lui substituer un jet droit, projetant le liquide à une grande distance et pouvant atteindre une hauteur considérable.

Fig. 14.

Dans le cas où cet appareil est d'une contenance trop faible, on le remplace par la Pompe-Pulvérisateur *Cascade* (fig. 15). Elle se compose

Fig. 15.

essentiellement d'un réservoir de 90 ou de 100 litres, monté sur roues. Comme le Pulvérisateur *Eclair*, elle repose sur le principe de la Pompe diaphragme.

Fig. 16.

Un autre genre d'appareil à grand travail est celui constitué par le *Major* (fig. 16), d'une contenance de 40 litres, monté sur brouette et muni d'un agitateur automatique.

Ces derniers appareils conviennent tout spécialement au chaulage des arbres fruitiers et aux traitements nécessités par les maladies crypto-

Fig. 17.

gamiques, ou pour la destruction des insectes nuisibles ; au blanchiment des intérieurs des maisons ouvrières, des vitres de serre pour diffuser la lumière, aux travaux de propreté et d'arrosage des usines, mines, etc.

Ils sont enfin d'une grande utilité dans les incendies : leur jet puissant et leur grande facilité de manœuvre en faisant des Pompes très efficaces pour porter les premiers secours.

Grâce aux lances spéciales dont on peut les munir, on arrive à diriger le jet de liquide à une hauteur de 6 à 7 mètres au-dessus de l'endroit où se trouve l'appareil. Ceci a une importance capitale en arboriculture (fig. 17), et pour le blanchiment ou la désinfection des murs élevés (fig. 18).

Fig. 18.

Le modèle d'appareil très réduit que constitue le Pulvérisateur à main (fig. 19) trouve son application pour l'arrosage ou le traitement des plantes d'appartement ou de serre, pour les peintres et sculpteurs, etc. Un modèle, muni de douille (fig. 20), peut être fixé au bout d'un bâton quelconque pour atteindre à toutes les hauteurs.

Fig. 19.

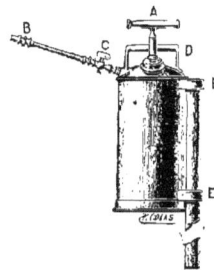

Fig. 20.

Enfin, pour le traitement de l'oidium par le soufre, la *Torpille* constitue l'appareil idéal. Deux modèles figuraient à l'Exposition : la *Torpille* ordinaire (fig. 21) et la *Torpille* à double effet (fig. 22). Elle se compose essentiellement d'un réservoir pouvant être porté à dos d'homme. Le soufre contenu tombe régulièrement d'une grille, un violent courant d'air, produit par un levier extérieur, le projette avec force sur les feuilles à traiter. La *Torpille* à double effet (fig. 22) est construite de telle sorte que le jet du soufre soit régulier et sans aucune intermittence.

Fig. 21.   Fig. 22

Il nous faut ajouter que ces divers appareils sont extraordinairement simples, ce qui est une question capitale, puisque ce sont, dans la plupart des cas, des personnes absolument inexpérimentées qui doivent les employer.

Le Jury décerne à M. Vermorel un **Grand Prix**.

Maison THIRION

10 et 12, Rue Fabre-d'Eglantine, Paris

M. Henri THIRION a fondé, en collaboration avec son père, et en février 1868, une importante maison pour la construction des Porte-Bouteilles et des Egouttoirs en fer.

Plus tard, il entreprit la fabrication des Machines à boucher; puis celle des Machines à rincer, tirer et capsuler. Les Machines de cette fabrication, bien conçues et de forme élégante, sont de pratique courante, notamment dans plusieurs grandes maisons d'eaux minérales, de spiritueux et de vins.

M. THIRION construit aussi des Machines à laver et à stériliser les bouchons de liège par l'eau et la vapeur.

Il s'est fait une spécialité appréciée de puissantes Machines fournissant des rendements considérables.

Cette Maison exposait différentes Machines modernes, à grands et moyens rendements, nécessaires à la mise en bouteilles, lesquelles peuvent être actionnées par courroies et transmission ou par moteur électrique :

1º Une Machine rinçant automatiquement et verticalement deux bouteilles à la fois et les injectant à l'eau claire après le rinçage, ce qui donne un travail absolument parfait (fig. 23). La production journalière est de 6 à 7,000 bouteilles avec un seul ouvrier;

2° Une Machine automatique pour boucher les bouteilles ; les bouchons sont mis dans une trémie ; puis, par des mouvements mécaniques très simples, viennent d'eux-mêmes se placer dans le compresseur à mouvements parallélogrammes, qui les presse de tous les côtés à la fois sans jamais

Fig. 23.

les abîmer, puis sont ensuite enfoncés dans les bouteilles, lesquelles sont placées sur un plateau revolver qui fait un cinquième de tour à chaque bouteille bouchée ; il est à remarquer que les bouteilles à longueurs

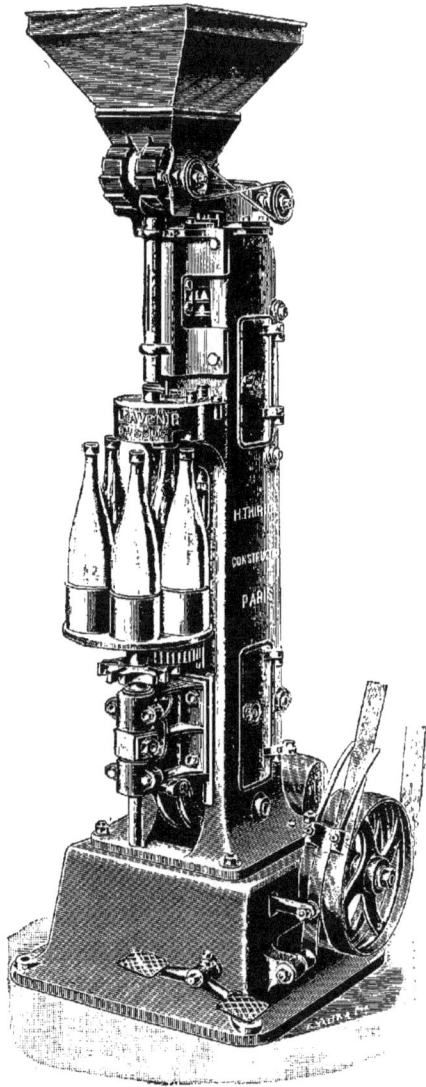

Fig. 24.

différentes se règlent automatiquement : l'ouvrier n'a, en somme, qu'à placer sur la machine les bouteilles à boucher, et à les enlever quand elles sont bouchées. La production de cette Machine est de 15 à 18,000 bouteilles par jour avec un seul ouvrier.

3º Une Machine jumelle verticale, capsulant automatiquement deux bouteilles à la fois ; les capsules sont très fortement serties sur la bouteille

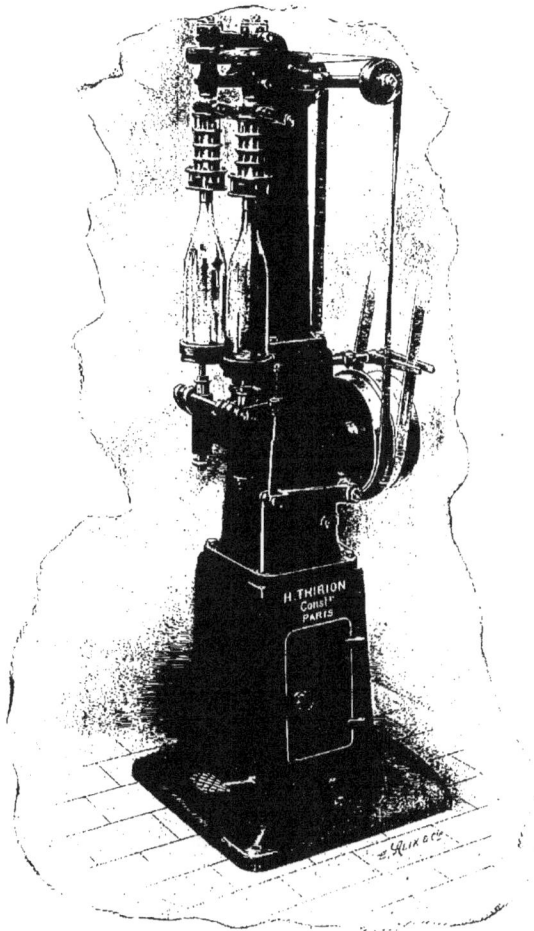

Fig. 25.

au moyen de galets de forme spéciale qui tournent autour du goulot des bouteilles, lissent parfaitement les capsules en ne laissant aucun pli ; la production journalière de cette Machine est de 10 à 12,000 bouteilles avec un seul ouvrier.

Cette Maison exposait également plusieurs genres de machines fonctionnant à la main, pour rincer, tirer, boucher et capsuler les bouteilles, qui, toutes, sont très pratiques et répondent à tous les besoins.

Nous avons remarqué une Machine à boucher à la main dont la distribution des bouchons se fait comme celle marchant au moteur ; dans celle-ci, chaque fois que l'ouvrier abaisse le levier, le bouchon se transporte automatiquement dans le compresseur, y est comprimé et enfoncé dans la bouteille, ce qui gagne du temps.

Nous avons vu également une Machine à capsuler, avec un changement de marche très ingénieux qui permet de régler instantanément la course à faire par la Machine, suivant la longueur de capsule que l'on veut employer.

La construction de toutes les Machines exposées est solide, soignée et de mouvement simple.

La Maison THIRION a remporté, dans les Expositions Universelles, les plus hautes récompenses.

Pour ne citer que les plus récentes :

Un Grand Prix à Liège en 1905.
Un Grand Prix à Milan en 1908.

M. THIRION est *Officier d'Académie* et *Chevalier du Mérite Agricole*.

Le Jury lui décerne un **Grand Prix**.

Maison BESNARD, MARIS & ANTOINE

60, Boulevard Beaumarchais, à Paris

Cette ancienne et excellente Maison a été fondée en 1864 par M. MARIS, prédécesseur de M. BESNARD père, et s'occupa d'abord exclusivement de la fabrication des Appareils d'éclairage par les huiles minérales.

C'est seulement vers 1888, au moment où les maladies cryptogamiques revêtirent dans nos vignobles un caractère si intense, que M. BESNARD entreprit en grand la construction des Pulvérisateurs et des Soufreuses pour le traitement des vignes.

Ce qui caractérise la construction de cette Maison est, au premier chef, la parfaite précision de ses appareils ; tout ce qui sort de son usine de Vitry se recommande par une perfection et un fini incomparables.

Dans ces conditions, il est aisé de comprendre le vif succès que rencontra la marque BESNARD sur le marché viticole français et européen.

Cette Maison a toujours marché à l'avant-garde du Progrès, avec la préoccupation de toujours établir des instruments très pratiques et répondant aux besoins chaque jour plus nombreux des viticulteurs ; elle dispose d'ailleurs, pour cette réalisation, d'un outillage tout à fait perfectionné et d'un personnel le plus expérimenté qui puisse être.

Ses succès ont été sanctionnés par de nombreuses récompenses obtenues dans tous les Concours Agricoles, Expositions françaises et étrangères. **Hors Concours** à l'Exposition Universelle de 1900, **Diplôme d'Honneur** à Liège et à Saint-Louis, **Médaille d'Or** à Milan, etc., etc.

M. BESNARD père, *Officier du Mérite Agricole*, reçut la **Croix de la Légion d'Honneur** à l'Exposition Universelle de 1900, en même temps que son fils, M. Henri BESNARD, était nommé *Chevalier du Mérite Agricole*.

Depuis, M. BESNARD a transmis la direction effective de ses importants Etablissements à son fils et à ses gendres, tous trois ingénieurs civils, qui, sous la raison sociale BESNARD, MARIS et ANTOINE, continuent brillamment les traditions qui ont assuré la renommée de cette Maison.

* * *

Le système de Pulvérisateur construit tout d'abord par M. BESNARD était très différent de ceux employés jusque-là. Dans le Pulvérisateur Besnard, la pression nécessaire à la projection du liquide était obtenue en comprimant l'air à l'aide d'une pompe placée sur le côté du réservoir et parfaitement isolée du liquide, alors que dans la plupart des autres systèmes la pression s'exerçait directement sur le liquide.

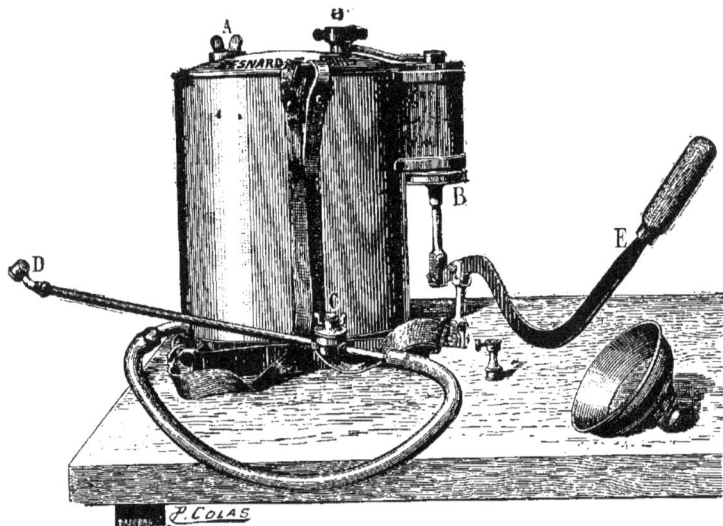

Fig. 26.

Cette nouvelle méthode attira, dès son début, l'attention de plusieurs critiques éminents en matière d'outillage agricole, dont les observations peuvent se résumer ainsi : « Le Pulvérisateur à air comprimé est très avantageux parce que, grâce à l'isolement de sa pompe, il permet, avec un réservoir approprié, l'emploi de tous les liquides, acides, alcalins ou à base de savon, et n'oblige pas à une manœuvre continuelle de la pompe, mais sa construction demande beaucoup de soins ».

Ces critiques avaient raison : l'avantage d'employer les liquides les plus divers n'est surtout pas à dédaigner aujourd'hui qu'il faut traiter les maladies toujours plus nombreuses et exigeant des traitements plus différents ; mais la dernière condition à remplir pour créer un appareil parfait n'était pas une difficulté pour la Maison qui, dans une fabrication similaire, avait déjà acquis, par les soins et la perfection de ses produits, une juste réputation. C'est pour cela qu'on vit bientôt le Pulvérisateur Besnard prendre une place prépondérante dans les Concours Agricoles, et son emploi se généraliser partout.

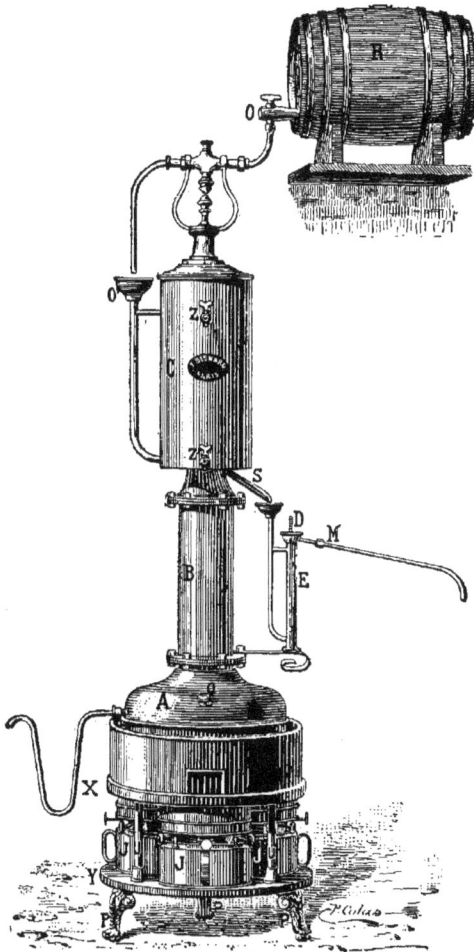

Fig. 27. — Alambic à distillation continue.

L'Alambic à distillation continue, système Estève, dont MM. Besnard sont les constructeurs exclusifs, fut l'objet de nouveaux perfectionnements. C'est le seul instrument de distillation automatique qui permette au propriétaire, et sans connaissance spéciale dans la matière, d'obtenir, avec les produits de sa récolte, des eaux-de-vie supérieures comme finesse de goût. C'est une véritable révolution qui s'accomplit, grâce à cet appareil, dans les procédés de la distillation agricole.

Le Pasteurisateur Besnard est également fort répandu. Cet appareil offre à la moyenne viticulture la possibilité de traiter les vins presque sans frais et sans le secours d'ouvriers spéciaux. Le coût de la pasteurisation d'une barrique de 228 litres avec le Pasteurisateur Besnard est estimé à 1 fr. 99, en comptant, avec les frais de chauffage, de manutention et la stérilisation des barriques, l'amortissement du prix d'achat de l'appareil sur 500 barriques ; après l'amortissement, le coût de la pasteurisation descend à 0 fr. 59. Ce chiffre représente la faible prime d'assurance que tout viticulteur soucieux de ses intérêts devrait aujourd'hui s'imposer pour la conservation de ses vins.

Fig. 28.

Parmi les dernières créations d'outillage viticole faites par la Maison Besnard, il faut citer un Pulvérisateur à pression préalable, deux modèles de Soufreuses et un Appareil perfectionné pour l'arrosage automatique des marcs fermentés.

Le Black-Rot a exigé des traitements cupriques plus nombreux, plus efficaces, et, pour cela, une pulvérisation plus énergique, afin de faire pénétrer le liquide dans les parties les plus dissimulées de la plante. Après plusieurs années d'expérimentation dans les vignobles d'Algérie, la Maison BESNARD a créé un *Pulvérisateur à pression préalable* indépendante du porteur qui remplit bien toutes les conditions exigées (fig. 28) : la rapidité du chargement, le maximum de légèreté dans les organes joints à une rusticité de construction nécessitée par l'emploi d'une main-d'œuvre parfois brutale.

Les Appareils à répandre les poudres, désignés sous le nom de *Soufreuses*, ont aussi été l'objet d'une étude très approfondie de la part de MM. BESNARD, qui, praticiens et constructeurs, ont établi deux modèles de Soufreuses évitant les défauts et dépassant le rendement des instruments employés jusqu'ici.

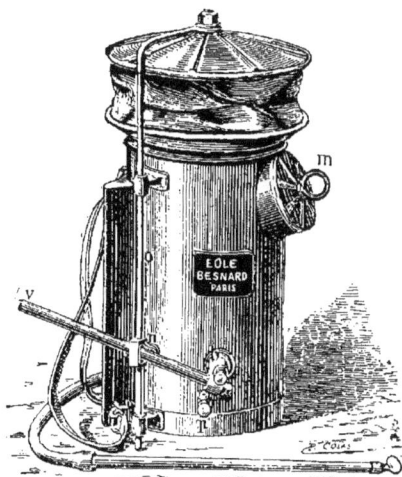

Fig. 29. — Soufreuse Eole.

La Soufreuse dite *L'Éole*, construite par la Maison BESNARD, peut répandre toutes espèces de poudres ; le réglage du débit est toujours certain, l'engorgement impossible ; le démontage et le remplacement des pièces peuvent s'exécuter rapidement, même par les mains les moins expérimentées. Aussi, depuis son apparition, la Soufreuse *Eole* a-t-elle conquis un succès très vif dans la viticulture.

Il en est de même de la Soufreuse à main *Le Furet*, qui permet, avec l'emploi d'une seule main, de répandre autant de soufre qu'avec une Soufreuse à dos.

Fig. 30. — Soufreuse Le Furet

La Maison BESNARD fabrique aussi un instrument destiné à l'arrosage méthodique des marcs fermentés dans le but d'obtenir des piquettes à haut degré. Cet instrument *Autoverseur* verse l'eau sur la surface des marcs,

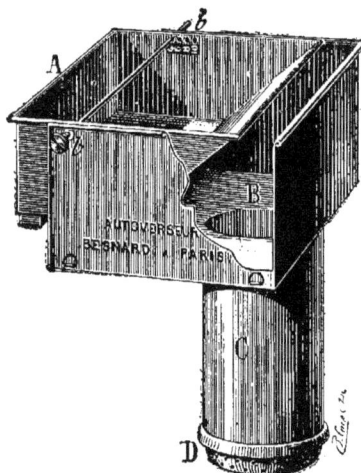

Fig. 31. — Autoverseur Besnard.

foulés dans une cuve, sous un volume déterminé et par périodes de temps régulières, ainsi que l'exige le procédé scientifique préconisé par M. Müntz. Ce procédé, qui jusqu'alors offrait de grandes difficultés, est résolu on ne peut plus pratiquement.

Le Jury décerne à MM. BESNARD, MARIS et ANTOINE un **Grand Prix**.

MAISON CH. GUILLEBEAUD

à Angoulême (Charente)

La Maison GUILLEBEAUD, fondée en 1860, à Angoulême, en vue de fabriquer toute la robinetterie pour chais, est incontestablement la plus importante maison de Pompes de l'Ouest ; elle se double d'une fonderie de cuivre et de bronze.

Cette Maison s'est toujours efforcée, avec le plus grand succès, vers l'application pratique des découvertes scientifiques. M. GUILLEBEAUD réalise le type parfait de l'inventeur qui a toujours une idée neuve, une bonne idée, et qu'il ne s'arrête pas de perfectionner.

Aussi ses créations sont-elles légion, et, fait plus rare, toutes marquées au coin du sens le plus pratique qui puisse être. La plupart de ses Pompes et son Réfrigérant constituent depuis longtemps des appareils classiques. Exécutés avec des matières premières tout à fait supérieures, comme tout ce qui sort des ateliers d'Angoulême, ils sont bâtis pour fournir les plus longues carrières.

Il y a longtemps que leur réputation a franchi nos frontières, et M. GUILLEBEAUD, travailleur inlassable et véritable fils de ses œuvres, figure au premier rang de ceux de nos Constructeurs qui ont porté dans les plus lointaines régions la renommée des Machines françaises.

Les plus légitimes récompenses jalonnent la route parcourue par cet excellent praticien ; rappelons seulement celles qui lui ont été décernées depuis l'année 1900 :

Exposition de Paris	1900.......	2 Médailles d'Or
— Tiflis	1901.......	Diplôme d'Honneur
— Milan	1906.......	Diplôme d'Honneur
— Bordeaux	1907.......	Diplôme d'Honneur

Il semble inutile de s'étendre longuement sur la Pompe Guillebeaud, répandue dans toutes les parties du monde ; elle convient à toutes espèces de liquides, mais elle est surtout appréciée pour transvaser et mélanger les vins et spiritueux. Dans cet ordre d'idées, elle est reconnue parfaite. Plus de dix mille, vendues depuis la création, prouvent sa supériorité incontestable.

La Pompe, modèle *L'Insatiable*, est de création récente ; elle a été étudiée tout particulièrement pour le transvasement des liquides chargés, tels que moûts de vin, de bière, de cidre et autres.

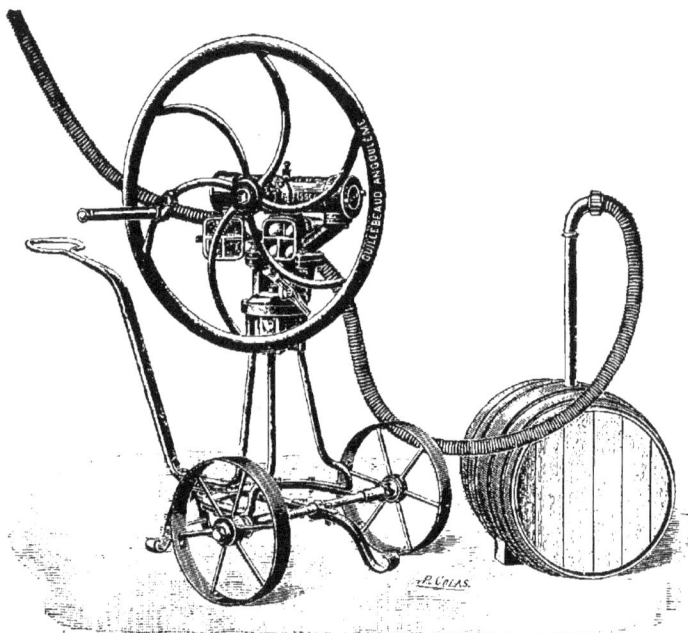

Fig. 32. — Pompe Guillebeaud dite " L'Insatiable ".

Fig. 33. — Vue de la boîte à boulets avec son ouverture et fermeture instantanée.

Sa disposition permet, en effet, la visite et le dégagement des organes susceptibles d'engorgement, au moyen d'une portière qui s'ouvre et se ferme instantanément.

La Pompe *Insatiable* est également construite pour marcher au moteur. Ce modèle convient tout spécialement aux grandes exploitations vinicoles, pour le transvasement et l'élévation des vins et autres liquides chargés de graines et de lies. M. GUILLEBEAUD l'expose à Londres, accouplée avec moteur électrique, le tout sur chariot et facilement transportable.

Cette Maison présente également des Pompes au moteur, à piston, à quatre effets et jet continu. Ces pompes ont été étudiées pour toute espèce de liquide et conviennent admirablement pour l'élévation des eaux à toute distance et à toute hauteur. Elles conviennent surtout pour transvaser et élever les vins. En effet, aucun obstacle ne contrarie dans ces Pompes

Fig. 34. — Pompe à quatre effets accouplée avec moteur électrique.

le courant du liquide, et ce dernier passe en conservant sa première impulsion, n'éprouvant dans tout son parcours aucune secousse ni rebroussement, et se déverse par un jet régulier, faisant ainsi l'effet d'un courant naturel et continu. Ces Pompes sont accouplées avec moteur électrique ou avec moteur à pétrole, le tout monté sur chariot.

Les Réfrigérants Guillebeaud entièrement en cuivre et bronze, avec tubes électrolytiques, conviennent à merveille pour le refroidissement des moûts de vin, bière et cidre, avec ouverture et fermeture instantanées, per-

Fig. 35. — Réfrigérant Guillebeaud.

mettant la vérification et le nettoyage immédiats de tous les tubes, conditions absolument essentielles pour le bon rendement des appareils.

Ces Appareils, qui ont fait leurs preuves, sont employés dans nombre de grandes exploitations vinicoles de France et de l'Etranger.

Le Jury décerne à M. GUILLEBEAUD un **Grand Prix**.

Diplômes d'Honneur

MAISON J. DUJARDIN

24, Rue Pavée, à Paris

M. J. DUJARDIN occupe une place bien à part dans la construction vinicole moderne. Lorsqu'il recueillit la lourde succession de M. SALLERON, il se promit de mettre à la portée de tous, d'adapter à tous les besoins la délicate science dont il avait reçu la tradition à la meilleure source qui puisse être.

Tous ses efforts ont convergé vers ce but, et sa devise, *Per Vinum*, a été amplement justifiée.

On peut dire que si, à l'heure actuelle, on sait ce qu'on fait dans tous les celliers de France et d'ailleurs, c'est beaucoup à cet excellent vulgarisateur qu'on le doit.

Dans l'ordre technique, les travaux de M. DUJARDIN font autorité. Il les a entourés de toute la lumière possible, et il est remonté pour cela

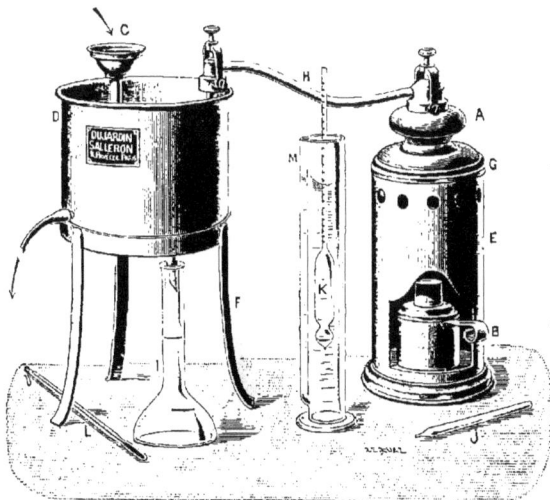

Fig. 36. — Alambic d'essai Dujardin-Salleron.

à l'origine des âges : la bibliographie œnologique n'a point de secret pour cet érudit si épris du passé et qui a longtemps médité sur les vieux grimoires, sur les vétustes manuscrits de nos Bibliothèques.

De ses laborieuses incursions dans l'antique domaine des Sciences et des Arts, il a rapporté de bien précieuses choses, qui illustrent fort joliment son œuvre pratique.

* * *

Les Appareils Dujardin-Salleron sont classiques, aussi bien dans les laboratoires officiels que dans toutes les installations particulières ; nul ne saurait s'en passer, surtout depuis que la loi sur les fraudes oblige, en quelque sorte négociants et viticulteurs à connaître la composition des vins qu'ils récoltent, qu'ils achètent ou qu'ils vendent. N'eût-elle abouti qu'à ce seul résultat, cette loi aurait déjà fait quelque chose...

* * *

Les Alambics d'essai Dujardin-Salleron (fig. 36), qui effectuent le dosage de l'alcool par distillation, qui sont employés de façon exclusive par les Douanes et autres Administrations fiscales, doivent être entre les mains de tous ; au point de vue commercial, *le degré alcool* a la plus grande importance. Ces Alambics se disposent en batterie pour essais multiples avec alcoomètres, éprouvettes et tous accessoires.

L'Ebulliomètre construit par cette Maison permet de mesurer les richesses alcooliques inférieures à 25 degrés (fig. 37).

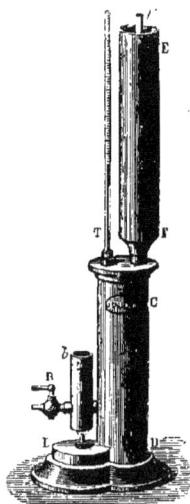

Fig. 37. — Ebulliomètre Dujardin-Salleron.

L'Extracto-Œnomètre Dujardin (fig. 38) sert à doser l'extrait sec d'un vin, surtout dans les cas de consommation courante, quand ce vin est complètement fermenté et exempt de sucre.

L'Acidimétrique et l'Acidimètre Dujardin servent à mesurer l'acidité fixe des vins ; l'appareil de dosage de l'acidité volatile rend aussi les plus grands services.

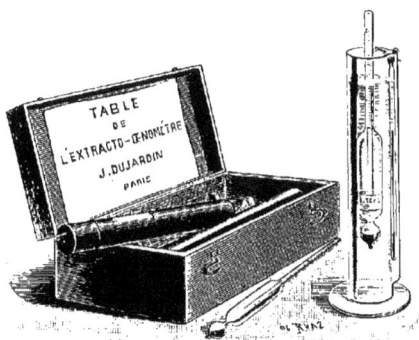

Fig. 38. — Extracto-Œnomètre Dujardin.

Cette Maison fabrique également les Appareils les plus perfectionnés pour le dosage du sucre dans les moûts, pour celui de la glycérine dans les vins, pour le dosage du sulfate de potasse et pour la recherche du plâtrage ; l'ingénieux Gypsomètre Dujardin doit être d'usage général.

Notons encore les Colorimètres servant à examiner et à mesurer l'intensité colorante des vins rouges, les Appareils pour le dosage du tanin, et, depuis le microscope élémentaire, tous les instruments nécessaires à l'examen microscopique des maladies de la vigne et du vin, tous ceux aussi servant à révéler les falsifications des vins.

Enfin, l'alcoométrie des spiritueux, en Angleterre, est absolument différente de la nôtre ; M. DUJARDIN l'a longuement étudiée dans un intéressant rapport qu'il a présenté au Congrès des Chimistes de distillerie : il a rapproché, dans des tableaux évitant tout calcul aux négociants, les degrés syles usités en Angleterre de ceux de l'alcoomètre centésimal employé en France, et il a construit tout exprès, d'après ces tables, un Alcoomètre *franco-britannique* qui a été très apprécié de tous ceux qui font avec l'Angleterre des transactions commerciales dans lesquelles le *degré alcool* doit être déclaré.

***

De nombreux *Diplômes d'Honneur* et *Médailles d'Or* ont consacré les travaux et la perfection des Appareils de ce fécond chercheur.

M. DUJARDIN est **Chevalier de la Légion d'Honneur**, *Officier d'Académie* et *Officier du Mérite Agricole*.

Le Jury décerne à M. DUJARDIN un **Diplôme d'Honneur**.

Etablissements DAUBRON

210, Boulevard Voltaire, Paris

M. Lucien DAUBRON, Ingénieur des Arts et Manufactures, *Officier du Mérite Agricole*, dirige avec distinction la Société des Etablissements DAUBRON, qui a succédé à la maison bien connue PRUDON et DUBOST, qui fut fondée en 1835, par M. FRANÇOIS.

Cette Maison s'est spécialisée dans la construction des Pompes de toutes sortes : rotatives, centrifuges, élévatoires, à piston.

Les Etablissements DAUBRON occupent une situation enviée dans l'hydraulique ; leur chef actuel les a dotés de perfectionnements fort inté-

Fig. 39. — Pompe balladeuse autorégulatrice.

ressants qui ont accru encore leur renommée, telle la Pompe Baladeuse
électrique auto-régulatrice que nous trouvons exposée à Londres.

Nous sommes ici dans le domaine de l'instrument perfectionné qu'on
pourrait appeler la Pompe *savante*, la Pompe construite d'après les dernières données de la mécanique. Ce remarquable instrument, qui débite
11,000 litres par heure, facilite singulièrement les travaux de transvasement. Sa disposition fait qu'il n'est pas nécessaire d'arrêter la pompe pour
supprimer l'écoulement produit : il suffit de fermer le robinet de refou-
lement. L'importance du débit se trouve en raison directe de l'ouverture
de ce robinet, absolument comme s'il s'agissait d'une fontaine.

Cette heureuse simplification réduit la main-d'œuvre à sa plus simple
expression.

Les Etablissements DAUBRON construisent très éclectiquement des
Pompes de tous systèmes, chacun de ceux-ci ayant, en principe, ses
avantages propres. Ils peuvent donc faire face à toutes les demandes et
répondre à tous les cas qui peuvent se présenter.

Fig. 40. — **Pompe autorégulatrice pour filtration.**

Ils offrent et construisent des groupes de Pompes, groupes électriques
et groupes moto-pompes pour filtration, d'un fonctionnement parfait ; ils
se sont spécialisés avec succès dans les distributions d'eau par réservoir
élévateur à air comprimé, béliers hydrauliques, etc.

M. DAUBRON a donné aussi, dans sa Maison, une grande extension à la branche *Installations de caves et de chais*; dans cet ordre d'idées, il a exécuté à Paris et en Province de très importants travaux, qui peuvent passer pour des modèles du genre.

Les plus récentes récompenses obtenues par cette Maison sont les suivantes :

Paris	1900......	**Médaille d'Or**
Lille	1902......	**Grand Prix**
Reims	1903......	**Grand Prix**
Béziers	1906......	**Grand Prix**
Bordeaux	1907......	**Grand Prix**

Le Jury décerne aux Établissements DAUBRON un **Diplôme d'Honneur.**

Maison LACOUR Frères

54, Cours de Ciré, à Bordeaux (Gironde)

MM. LACOUR Frères exposent une très belle collection d'enveloppes en paille pour bouteilles. Ils fabriquent également plusieurs systèmes de Machines à coudre ces enveloppes, machines dont ils sont les inventeurs.

Cette importante Maison a déjà obtenu de nombreuses récompenses dans les grandes Expositions. Nous ne citerons que les plus récentes :

Exposition Universelle de Paris 1900........   **Médaille d'Or**
Exposition Universelle de Bruxelles 1907....   **Diplôme d'Honneur**

Le Jury accorde un **Diplôme d'Honneur** à MM. Lacour Frères.

Médailles d'Or

REVUE DE LA VITICULTURE

35, Boulevard Saint-Michel, à Paris

Nous devons signaler la présence, dans notre groupement, de la *Revue de Viticulture*. Cette publication, dont le siège est boulevard Saint-Michel, à Paris, a contribué, pour une part importante a la diffusion des meilleures méthodes de vinification. Ce faisant, elle a notablement accru les débouchés ouverts à nos Instruments et à nos Appareils. Elle s'impose donc à notre gratitude. Le Jury décerne une **Médaille d'Or** à la *Revue de Viticulture*.

THE STERILIZING SYNDICATE. LIMITED

59, Str. Mary's Road-Peckam, à Londres

Cette Société a été constituée pour l'Exploitation, en Angleterre, des procédés KUHN.

M. KUHN, technicien de grand mérite, est venu en droite ligne de la Brasserie à la Viticulture. Son œuvre est susceptible de modifier favorablement et assez profondément la situation économique de la plus importante branche de notre Agriculture française.

M. KUHN aura été, chez nous, l'apôtre convaincu et ardent de la stérilisation; c'est lui qui, le premier, réalisa, sur une très grande échelle, la stérilisation du jus de raisin frais; ses premières expériences furent effectuées à la Station Œnologique du Gard en 1896, et furent consignées dans un important rapport de M. le Professeur Edmond Kayser, qui dirigeait alors, avec la compétence que l'on sait, cette Station méridionale.

Actuellement, diverses Sociétés en plein développement appliquent le procédé de M. Kuhn et en obtiennent le meilleur résultat, tant en France qu'à l'étranger, notamment en Angleterre. Cet inventeur a caressé, d'autre part, un rêve d'où semble exclue toute banalité : celui d'unir si étroitement le raisin et le houblon, que le jus stérilisé du premier concoure à la fabrication de la boisson chère aux populations du Nord et de l'Est.

Il a obtenu, dans cet ordre d'idées, un produit qu'il a dénommé *Grape-Beer* ou bière de raisin, et qu'il estime préférable à la bière d'orge.

Il est toutefois prématuré de se prononcer sur ce point ; cependant, l'expérience des siècles nous enseigne que tout arrive ou peut arriver.

De très honorables récompenses ont sanctionné les travaux de M. Kuhn, qui a étendu aussi à la Laiterie et à la Cidrerie son champ d'action ; il a, notamment, obtenu une *Médaille d'Or* à l'Exposition Universelle de 1900.

$$* \overset{*}{} *$$

L'Appareil industriel fixe de M. Kuhn se compose de : un cylindre horizontal long et étroit, en métal composé spécial, argenté intérieurement ; ce cylindre est formé par un couvercle supportant un faisceau tubulaire qui ne forme qu'un organe avec ledit couvercle et plonge dans le cylindre. Le cylindre est donc intérieurement traversé par ce faisceau tubulaire, et, de plus, il est entouré extérieurement par une enveloppe d'acier.

Le couvercle est relié au collet du cylindre par un joint d'autoclave muni d'un dispositif spécial qui permet l'emploi d'un joint argenté ne présentant qu'une paroi d'argent en contact avec le liquide dans le cylindre. Le tout est monté sur galets et peut recevoir un mouvement de rotation autour de l'axe longitudinal par le moyen d'une manivelle actionnée manuellement ou mécaniquement.

Le couvercle supporte les appareils de sûreté ou d'indication, manomètre et thermomètre, soupape de sûreté, robinets, etc. Enfin, le faisceau tubulaire d'une part et l'enveloppe d'autre part forment deux circuits distincts par lesquels on peut faire passer simultanément des eaux chaudes ou froides qui se rejoignent en canalisation unique à l'entrée ou à la sortie.

Le liquide à traiter est placé dans le cylindre argenté.

Quand celui-ci est plein, on ferme les robinets, on imprime au cylindre un mouvement de rotation, et on fait circuler l'eau chaude dans l'enveloppe et le faisceau tubulaire. Le liquide est rapidement porté à la température de stérilisation. Il est à remarquer à ce moment que, par suite de l'emplissage intégral du cylindre-récipient formant vase clos, le liquide se dilatant dès le début de l'accès d'eau chaude, crée une pression de compression par dilatation physique qui atteint plusieurs kilogrammes en quelques minutes, et, chose importante, cette pression est atteinte alors que la température du liquide traité a à peine été élevée de quelques degrés. De sorte que, par cet ensemble de conditions, le liquide est déjà soumis à une pression élevée avant qu'il soit chaud. Il ne se trouve donc jamais chauffé avant d'avoir été fortement comprimé. Ce régime de compression spéciale, indispensable au traitement des liquides délicats, est réalisé seulement par le système Kuhn.

La température de stérilisation étant atteinte, l'accès d'eau chaude est arrêté ; on stationne un temps déterminé, pendant lequel l'appareil continue à recevoir un mouvement de rotation afin d'uniformiser absolument la température dans la masse du liquide traité. Ce stationnement effectué, on fait arriver l'eau froide par le même circuit que l'eau chaude, et le liquide est ramené à sa température primitive, puis transvasé aseptiquement dans les vaisseaux d'expédition préalablement stérilisés.

Le Jury décerne à la Société THE STERILIZING SYNDICATE, LIMITED une **Médaille d'Or.**

Médailles d'Argent

Maison A. JACQUOT Fils

à Toulouse (Haute-Garonne)

M. JACQUOT expose divers modèles de petits Bouche-Bouteilles de son invention. Le Jury lui accorde une **Médaille d'Argent.**

Mon MARBŒUF (Vve Ch.) & VICTOR (A.)

à Cognac (Charente)

Cette Maison expose une importante collection d'Enveloppes en paille pour bouteilles. La fabrication soignée des modèles exposés, la décoration gracieuse de son stand lui ont fait décerner une **Médaille d'Argent.**

Collaborateurs

Nous nous garderions bien d'oublier, dans ce compte-rendu nécessairement succinct, ceux qui, étant toujours à la peine, doivent aussi, quand il y a lieu, être à l'honneur : j'ai nommé nos Collaborateurs immédiats, employés et ouvriers.

Ils sont, ces Collaborateurs, les indispensables artisans de nos succès ; souvent même, dans nombre de maisons, leur vie et leur avenir sont étroitement liés à notre vie propre et à la fortune de nos Etablissements. Il en est qui s'enorgueillissent à bon droit de très longs services ; certains même nous ont précédé dans la carrière, et toute leur existence s'est paisiblement déroulée à *l'atelier*, qu'ils ont fini par considérer comme leur maison.

Parmi eux, les dévouements sûrs et éprouvés ne sont pas rares, et ce sont ces dévouements et ces amitiés qui constituent la meilleure digue que l'Industrie française puisse opposer aux prétentions, aux utopies folles du collectivisme envahissant. La droite raison de nos bons ouvriers est, moralement et matériellement, notre meilleure sauvegarde.

Nous leur adressons ici le salut qu'on doit à de bons auxiliaires, à des amis !

EXPOSITION FRANCO-BRITANNIQUE
DE LONDRES 1908

PALMARÈS

Groupe VII. — Classe 36

Matériel et Procédés de la Viticulture

EXPOSITION DE LONDRES

GROUPE VII

Classe 36. — Matériel et Procédés de la Viticulture

HORS CONCOURS, MEMBRES DU JURY

Dans les raisons sociales, les noms de MM. les Jurés sont en italique et placés entre parenthèses.

MM. Barbou fils.. France.
     Mabille (E.) frères *(Pécard-Mabille)*...................... France.
     Simoneton (Emmanuel).................................... France.

GRANDS PRIX

MM. Besnard, Maris et Antoine................................ France.
     Guillebaud (Théodore).................................... France.
     Thirion (Henri) .... France.
     Vermorel (Victor).. France.

DIPLOMES D'HONNEUR

MM. Dujardin (Jules)... France.
     Lacour frères.. France.
     Société Anonyme des Établissements L. Daubron............ France.

MÉDAILLES D'OR

MM. Viala (P.)... France.
     Revue de la Viticulture................................. France.
     The Sterilizing Syndicate................................. Londres.

MÉDAILLES D'ARGENT

MM. Jacquot (Alphonse) fils................................... France.
     Marboeuf (Veuve Th.) et Victor (A.)....................... France.

COLLABORATEURS

GROUPE VII

Classe 36. — Matériel et Procédés de la Viticulture

M. Barroc fils, à Paris :

Fanet (Gabriel)..	D. H
Bap (Paul)...	A.

MM. Besnard, Marius et Antoine, à Paris :

Leservoisier (Eugène-Henri)............................	0.
Cochet (Jean-Baptiste)...................................	A.
Hinet (Frédéric)..	B.

M. Guillebeaud (Théodore), à Angoulême (Charente) :

Audoyer..	0.
Michou...	0.
Faure..	A.
Seyriès..	A.

MM. Lacour frères, à Bordeaux :

Vandenberghe (Emile).....................................	D. H.

MM. Mabille frères, à Amboise (Indre-et-Loire) :

Verna (Alexandre)..	0.
Coleno (Auguste)...	A.
Rigault (Louis)..	A.
Bourgeois (Marc)...	B.

M. Simoneton (Emmanuel), Le Rainey (S.-et-O.) :

Evrard (Alfred)..	D. H.
Dumm (Benoît)..	0.
Jacob (Mme Marie)..	0.
Burger (Albert)..	A.
Thier (Pierre)...	A.

Société Anonyme des Etablissements J. Daubron, à Paris :

Dauthier (A.) ....   0.
Hochedez.............. ....   A.
Ouriou (R.). ... .   A.
Gontier (M.). ... .   B.

M. Thirion (Henri), à Paris :

Charleux (Jean) ....   D. H.
Duchanoy (Charles)...... ... .   0.
Denand (Paul)................................ ....   A.
Laroche (Auguste)..:.... ....   A.

M. Vermorel (Victor), à Villefranche-sur-Saône (Rhône) :

Howiller (Emile) ....   0.
Guigneton (Alfred)........ .. ..   A.
Chosselat (Louis)..... ....   B.
Rollet (Pierre)....... ....   B.

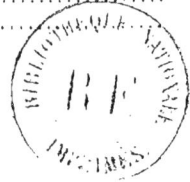

Charles SCHENCK

IMPRIMEUR

De la Chambre Syndicale des Constructeurs
de Machines Agricoles de France

24, RUE DES ÉCOLES, 24 — PARIS

Téléphone 830-00